冲呀！手冲咖啡

黄琳智　江衍磊　著

江苏凤凰科学技术出版社

·南京·

图书在版编目（CIP）数据

冲呀！手冲咖啡 / 黄琳智，江衍磊著. —南京 ：江苏凤
凰科学技术出版社，2020.9
ISBN 978-7-5713-1085-1

Ⅰ.①冲… Ⅱ.①黄… ②江… Ⅲ.①咖啡－配制 Ⅳ.
①TS273

中国版本图书馆CIP数据核字(2020)第057361号

冲呀！手冲咖啡

著　　　者	黄琳智　江衍磊
责 任 编 辑	陈　艺
责 任 校 对	杜秋宁
责 任 监 制	方　晨
出 版 发 行	江苏凤凰科学技术出版社
出版社地址	南京市湖南路1号A楼，邮编：210009
出版社网址	http://www.pspress.cn
印　　　刷	佛山市华禹彩印有限公司
开　　　本	718mm×1000mm　　1/16
印　　　张	8
字　　　数	80 000
版　　　次	2020年9月第1版
印　　　次	2020年9月第1次印刷
标 准 书 号	ISBN 978-7-5713-1085-1
定　　　价	68.00元

图书如有印装质量问题，可随时向我社出版科调换。

自 序

大惊！怎么可能！

这是我听到自己将成为这一本书主笔人的第一反应。说老实话，我真的是紧张到不行，但还是表现出一副泰然自若的样子，揽下了这个非常难得的机会。

写书跟我的人生规划完全是八竿子打不着的，比打牌听边张来得还要遥远，远到十万八千里都不止。写作的记忆只停留在高中时代，就连语文老师的名字也早已忘记了（老师对不起），所以常常在琢磨文字时会想打爆自己的头，那时的我脑海中只有"书到用时方恨少"这句谚语。所幸要呈现的是工具书，因此在书写的过程中，文字表达虽不算行云流水，但总算顺顺利利完成了人生的第一本书。

丑小鸭咖啡外带吧的工作让我有了大量冲煮咖啡的机会，但我们的咖啡外带店不是那种文艺青年式的优雅冲泡，那可一点都不浪漫，用激烈的"战场"来形容再合适不过了。也正因为在这种工作环境下累积了许多宝贵经验，得以形成书中所传递的文字，在此全都呈现给各位读者。

感谢丑小鸭咖啡师训练中心，提供一个很棒的舞台让我发挥。还要谢谢所有一起工作的伙伴，以及每一位在这其中支持我的人，他们不仅不厌其烦地听我发牢骚，或被迫阅读我的文章，而且在我写作碰壁时给我一些很合适的建议，适时地点醒我，让我可以继续往前。最后要感谢的是有机会使用此书的每一位读者，由衷地希望各位阅读完后能够不被咖啡里所谓的精密数据、化学公式，或是物理公式给束缚住，单纯只是用悠闲的、愉悦的心情，然后借由合理而且简单的给水概念，轻松冲煮出一杯好咖啡。

接下来，就请好好地享受这一本手冲咖啡的工具书吧！

江衍磊

目 录
CONTENTS

无经验也可以马上上手喔

手作浓缩咖啡

丑小鸭的双层萃取

将萃取液的水分剔除就是浓缩液

媲美拿铁咖啡

Part 1
这样冲咖啡就对了

手法没这么复杂

来一杯手冲咖啡吧！

咖啡饮品早就已经融入我们的日常生活中，从耳熟能详的拿铁咖啡和卡布奇诺，到美式咖啡和早期非常流行的虹吸咖啡。而此书要介绍的主轴，就是现在大受欢迎，许多咖啡店家都大力推广的手冲咖啡。

手冲咖啡的乐趣及魅力所在，就是可以使用方便且简易的方式来冲煮咖啡，很符合现代人所追逐的高品质生活，随着咖啡液从滤孔中流下来（图1-1），就好像堆积的压力逐渐散开一般，充满了生活的小确幸。其实手冲咖啡需要的器具不多，一个滤杯、一张滤纸和一个手冲壶，搭配现磨的咖啡粉，花5～10分钟，就能够在家或办公室内悠闲地冲一杯咖啡。也因为这样的优势，手冲咖啡的受欢迎度可说是相当高。

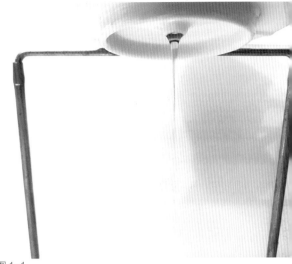

图 1-1

说到手冲咖啡，就一定要提到种类繁多的咖啡滤杯和手冲壶，不同的外形（图1-2～图1-6）、细致的做工，以及各式的材质与样式等让人眼花缭乱，摸不着头绪。而每一款设计良好的咖啡滤杯都会有符合滤杯本身的功能以及想要呈现的味道。该怎么入门？怎么从中选择呢？读完这本书就能具备一定的概念及想要追求的方向了。

首先，手冲壶的部分不多着墨，此书的重心会聚焦在咖啡滤杯上，因为滤杯的结构及设计绝对是影响一杯咖啡风味的主要因素。

如果滤杯是关键因素的话，那要怎样选择适合自己的滤杯，就是一个很重要的课题了。设想，若有一种冲煮手法能符合大部分滤杯的结构设计，是不是意味着每个使用者能够以手法来选择滤杯，而不是利用滤杯来选择手法？基于这样的出发点，丑小鸭咖啡师训练中心运用善于整合的能力，经过千万次的冲煮实验后归纳出一种手法和三个口诀，就能符合手冲咖啡萃取的结构，进而运用到大部分的滤杯上，这使得冲咖啡这件事情变得简单、有趣味，也让选择器具不再有盲点。

图 1-2

图 1-3

图 1-4

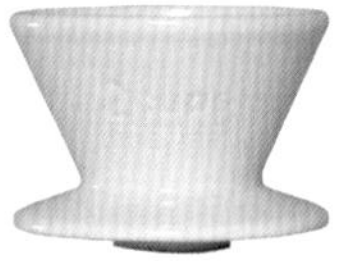

图 1-5

图 1-6

进入正题之前，先概略地说明两个重点：

❶ 滤杯就是一个冲煮容器，从它的四面八方去看都是立体的（图1-7），所以就是用体积的概念来冲咖啡（图1-8），而不是单纯地以面积的概念去做冲煮（图1-9），这是一个很关键的观念。以下的说明跟示范都会以体积的概念去做给水，而不是以咖啡粉的表面积做冲煮，这是重点之一。

❷ 怎么样让咖啡冲煮得好喝呢？绝对不是把一整颗咖啡豆丢进水里面泡或是放入机器里煮。冲煮咖啡之前，需要利用咖啡专用磨豆机先把咖啡豆磨成颗粒状（图1-10）。然后重点是如何让咖啡颗粒均匀

图 1-7

图 1-8

图 1-9

图 1-10

地吃水至饱和，就像是煮米饭要让米粒熟透（图1-11）、煮面条煮到熟一样。这需要运用手法让滤杯里的咖啡粉能够均匀地吃饱水，使得滤杯正常地发挥功能，这也就是此书想分享给各位的。

让我们跟着书本一一解开滤杯跟手法的秘密吧！

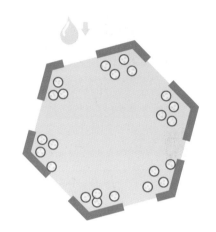

图 1-11

16

颗粒怎么吃水

在了解咖啡颗粒怎么吃水之前，应该先从咖啡豆磨出来的颗粒结构开始谈起，这有助于了解给水和萃取的前因后果。

烘焙好的咖啡豆是一个偏干燥的果实（图1-12），包含着约70%不可溶于水的植物纤维。将完整的咖啡颗粒掰开后，它的横切面就像是蜂巢般的形状，虽然大小不一（图1-13），但是无数的孔洞分布其中。而将咖啡颗粒磨成粉之后，截面积变大，像蜂巢般的空间

图 1-12

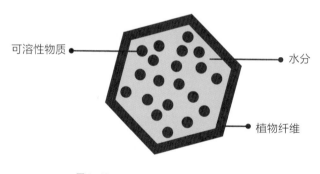

可溶性物质 —　　　　　　　— 水分

植物纤维

图 1-13

图 1-14

就是所谓的咖啡细胞壁，细胞壁的周围会附着一些物质，我们将之称为咖啡物质或可溶性物质（图1-14）。当给予咖啡颗粒热水，进行萃取的时候，植物纤维会膨胀制造出更大的空间。同时，让热水进入细胞壁里，挤压出气体（图1-15），使附着在细胞壁的咖啡物质因为空间变大而更容易借由热水给带出来，这就是所谓的吃水（图1-16）。

图 1-15

图 1-16

不败的三大原则

大致了解吃水的重点之后，便要一步步切入我们想分享给各位读者的一大重点——"万用手法"。

手冲咖啡的主角是滤杯。通过咖啡滤杯独特的功能，我们只需要一个简单的给水动作，就可以将咖啡颗粒里的物质萃取出来。讲到这里，就好像可以刻画出一个手冲咖啡的蓝图了。接下来的章节会采取由浅入深的原则，带着各位，一步一步说明为何要这样做，当然会掺杂着一些冲煮咖啡的专业名词，但是不需要担心，书中都会详细地解释清楚。

开始吧！揭开这一串串连贯在一起的重点。

我们将给水的部分先独立出来做说明，整合了给水的三大原则，借由合理的文字解释配合上图案式的说明，让读者们可以轻松理解和吸收。在这些环环相扣的关键要素之下，给予读者重点式的概念，再配合适当的练习后，即使产生问题也能借由这本书提供的知识来自我校正。由衷地希望每位读者都能够借由这本书提供的信息，稳定地冲煮出一杯杯充满着味觉飨宴的咖啡。

一、每一次给水不要超过颗粒可以吸收的量（图1-17）。

咖啡颗粒内有大量像蜂巢般的不规则空间，当我们给热水之后，会做一个吸水和排气的动作。什么是"不要超过颗粒可以吸收的量"呢？

很简单，将颗粒的部分看作是一颗颗的个体，每一个咖啡颗粒内部的空间有限，无法大量吸水。在进行冲煮时，颗粒会接触热水，颗粒的植物纤维开始膨胀，热水逐渐进入，将气体向外推出，此时颗粒的状况是无法吃水的，如果此时给水量过多的话，会很明显地看出颗粒很快地浮出水面而无法进行萃取，等同于将正在吃水的颗粒浸泡于水中，从而导致冲出来的咖啡有杂味和涩感，所以每一次给水都需要给予颗粒合理的水量，这是原则之一。

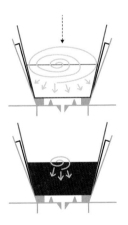

如果单纯从粉层表面给水，只会让上下层吃水的差异越来越大！

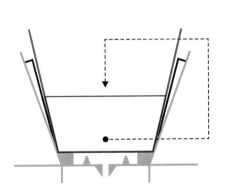

给水的重点是要让滤杯内的整体粉层可以均匀吃水，最佳的状态就是表面与底部的粉层可以同时吃到水！

将给水范围变小，可以让水集中往粉层内部移动。

图1-17

二、每次给水时，利用有穿透力的水柱让未吃水的颗粒吃到水（图1-18）。

有穿透力的水柱，一般来说是指在每次给水的过程中，水柱都可以穿过前一次已经吃水的粉层，让下层未吸水的颗粒开始进行吃水。若无法达到这种理想状态，意味着每次给的水都只是让前次的颗粒重复吃到水，等于给水量太多，超过颗粒可以吸收的量，造成过度萃取，而底部因为颗粒吸水而变重，沉积的粉层也无法做适当的扰动与翻滚，造成浸泡过度，从而产生杂味和涩感。

将一开始的给水范围缩小到一元硬币大小，目的是将水柱集中，如此一来水比较容易渗入粉层内部。

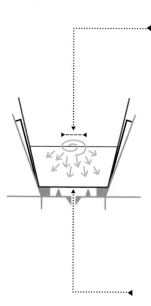

上层给水范围变大与否，取决于水量是否到达粉层底部。

将给水范围缩小有助于增加水的穿透力，随着咖啡颗粒吃到水，观察排气过程中所产生的泡泡与其夹带的颗粒，可以间接判断水量是否已到底部。

在水量还未渗入咖啡粉层底部之前，上层给水范围不用变大。

水从粉层内部扩张，才可以减少粉层之间吃水的差异。

图1-18

三、不要让颗粒静止在水中，每次给水的量都要比前次多（图1-19、图1-20）。

冲煮出一杯好咖啡其实真的不难，只要洞悉咖啡与水结合的原理就容易许多。给水的三大原则已经揭露2个了，而在之前的文字中提及的"浸泡过度"4个字，即是第3个原则要谈到的。

原因很简单，就像是煮饭、煮面、煎牛排、蒸鱼、炒青菜等一样，大家都不喜欢吃没煮熟或煮过头的，因为口感不好，不好吃，甚至是不能吃。料理是这样，冲咖啡也是如此。

如何不让颗粒静止在水中呢？为什么给水需要一次比一次多呢？现在大家对于颗粒吃水的架构应该已经越来越清晰了，我们会利用给水的模式结合颗粒吃水的方式来探讨这个原则。

图 1-19

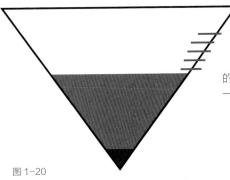

←每次给水都要超过原本粉层的高度，意义在于借由水压来维持一定的下降速度。

图 1-20

23

当颗粒接触到我们给予的热水后，将出现两种情况——颗粒吸水与推挤气体。现在将这两种情况分开来谈。

❶ 物体持续吸水会变重，咖啡颗粒也不例外，重量上升的颗粒会往下沉，相对轻的则会保留在上面，等到滤杯里的颗粒逐渐饱和后，会下降到滤杯底部。

❷ 颗粒与颗粒之间因为排气会互相推挤制造出空间，加上颗粒吸水后的状态和给水所制造的扰动会造成所谓"位差"，因为滤杯里的咖啡颗粒无法同一时间完整地吃饱水，而这所谓的先后次序造成颗粒的重量不同，使得较重的在下，较轻的在上。

现在更清楚颗粒与水的关系了，变重的颗粒会沉积在底部，如果给水的量无法越来越大，堆积在底部的颗粒则无法扰动，持续浸泡，时间长了会造成浸泡过度。

以上就是给水的三大原则，每一点之间互相有关联性，这就是所谓的细节。当藏在细节的"魔鬼"被抓出来之后，就更容易厘清不确定的观念，把它运用在冲煮和理论上，咖啡的世界也就更清晰了。联结越来越多的线索，再将每一条线索串在一起，串联的工具就是以下要解释的冲煮重点——手法。

手法

　　以体积的概念做冲煮、了解颗粒如何吃水、不能忽视给水三大原则，我们结合以上三项要素，研发出一种"万用手法"来挑战各款滤杯。接下来就跟着我们冲煮咖啡吧！

❶ 无论是锥形滤杯还是台形滤杯（图1-21），都是中间部分的咖啡粉层最厚，所以以粉层的概念为优先，第一次注水的时候由中心向外绕约一元硬币大小的小圈（图1-22、1-23），越慢越好，绕一圈即可，使整个中心的粉层均匀吃水。

图1-21

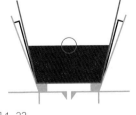

图1-22

图1-23

25

当颗粒开始接触热水，热水进入颗粒里面之后，植物纤维膨胀，热水将气体推挤出来。还记得一件事情吗？我们冲的是咖啡粉层，所以当粉层产生推挤的状况时，会出现一个膨胀的状态，达到膨胀的最高点之后，就可以给第二次热水了。在这里提醒一下不败的三大原则之一，给热水需要一次比一次多。请把握这个重点（图 1-24）。

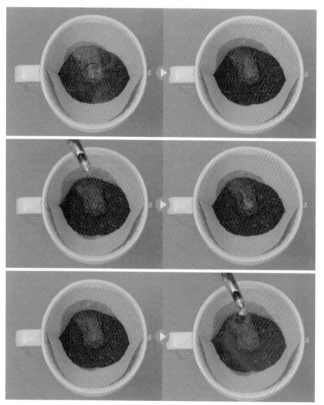

图 1-24

NOTE 为何要在膨胀的最高点给水呢？因为当颗粒推挤膨胀后，颗粒间隙扩大，等到颗粒停止推挤时，也意味着颗粒不再吃水，此时间隙最大，注入热水会更容易进入未吃水的粉层里。

❷ 咖啡颗粒吃到水的比例会逐渐提高，并且开始往外扩散，在中心点给水的部分也可以清楚地看到排气的状况，大量未吃饱水的颗粒因为给水的扰动往上蹿，当给水次数越多，会发现颗粒越来越少，气泡的颜色开始由深转为淡，水位下降的速度也会因为给水次数的增加而逐渐趋缓。当中间那个区域内的咖啡颗粒不再大量地浮上来，同时水位下降的速度明显变慢后，意味着绝大多数的咖啡颗粒已经饱和了（图1-25）。

图1-25

注水方式都是以中心绕小圈为主，目的是为了让底部的咖啡粉层先进行饱和，只剩下表层的颗粒需要吃水。在下一次给水的时候，就以画同心圆的方式让水柱绕出去，让表层的咖啡颗粒也吃饱水（图1-26）。

NOTE 当进行冲煮时，咖啡液会借由底部的滤孔流下去，而给予的热水从咖啡粉层的表面到达底部，然后流下去的速度，称作"水位下降速度"。速度会因为咖啡颗粒吸水程度而产生变化。

图1-26

28

到这为止冲煮咖啡的过程已经进行一半了，聪明的读者应该已经发现有几个重点是不断重复的，就是我们每次的给水，都会把握住体积、颗粒吃水以及三大原则。配合着图片的解说，相信每位读者都能够很轻易地进入状态，其目的不仅仅是把手法这个部分独立出来解说，也是让读者在尚未冲煮咖啡之前，借着想象的方式在脑海里将冲煮过程演练一番。

接着让我们往下继续冲煮咖啡吧！

给同心圆水柱的判断方式：

· 颗粒由多变少

· 颜色由深变浅

· 下降速度由快至慢

❸ 此时绝大部分的颗粒都已经饱和了，为了避免饱和的颗粒变重，下沉速度变快，从而沉积在底部，造成颗粒浸泡过度，所以给水的量要大幅度地提升（图1-27）。这时候开始只需要从中间给水即可，给水的节奏变为当水位的下降速度变慢就给水，每次给水的量超过本来水痕的高度即可（图1-28）。反复操作到设定的萃取量即可停止，如此萃取出的咖啡就是一杯好喝顺口的咖啡了。

图 1-27

到目前为止是不是都很简单呢？

提到的手法不外乎就是给水、铺水、给大水，可以把这归纳为冲煮三口诀。这里刻意地不以滤杯的种类和形式来讨论此方法，原因在于：这种手法的设计是以整体粉层的状态为概念，虽然滤杯有形状上的差异，但是以体积的观点作为冲煮咖啡手法上的出发点，就能够让咖啡颗粒均匀并且不重复地吃水。重要的是可以让大部分的颗粒都能够均匀地饱和，让接下来冲煮的实验有存在的必要性。

30

图 1-28

这种冲煮模式演绎了手法的重要性及正确性，可以让滤杯里面的粉层充分地吃饱水，一旦颗粒能够完整萃取，冲泡出来的咖啡就会浓、香、回甘和顺口，也能品尝出咖啡本来的风味。这样也代表着每个使用者能够以手法来选择即将要介绍的滤杯。

冲煮三口诀：

给水   铺水   给大水

咖啡小知识：

咖啡的风味由嗅闻的香气和舌面上的味道——酸甜苦咸结合而成，如花香、水果、坚果、巧克力等风味。就像不同种类的茶、烈酒或是红酒，我们在闻香并饮用时会尝到一些独有的味道，咖啡亦然。

下一章就要开始切入本书的重点了，将简明地介绍一些目前市面上很常见的滤杯，也会针对几款非常经典的咖啡滤杯做深度的探讨。让你手中的咖啡滤杯不再只限于玩赏，而是物有所用，让你享受冲煮出来的每一杯咖啡的美味。

Part 2
滤杯不一样怎么办

不一样的滤杯

从早期的滤杯演变至今，滤杯的主要功能除了让颗粒饱和，还必须让颗粒中的咖啡物质释出得更多，所以才会衍生出如此多类型的咖啡滤杯。当然也有外形酷帅的设计，把玩的趣味性可能会比萃取的结构来得凸显，风味的多寡相形之下就不是那么重要，将之收藏起来当作工艺品是个不错的选择。但是这种类型的滤杯有别于本书所想分享的观念，并不在我们讨论的范围，就不多作介绍。

现在已经知道滤杯的作用跟咖啡颗粒饱和与释出有绝对的关联性，让颗粒吃水饱和，只是滤杯设计的基本条件之一，重点是释出的咖啡物质能够有多少。释出的方式与多寡，才是决定一杯咖啡风味的关键要素。释出的方式会连带影响咖啡物质与水结合的时间，咖啡物质与水结合时间的长短和多寡就变成该滤杯所要呈现的样子。

手冲咖啡的每一个步骤都是在给水，现在我们都已经得知咖啡颗粒需要跟水做正确的结合，才不会出现所谓不好的味道。不好的味道缘于浸泡过度，无论是何种方式的浸泡过度，都是因为咖啡颗粒沉积在水里的时间过长，从而产生出杂味和涩感。只要把握住先前提出的给水三大原则和冲煮三口诀，就很容易避免这样的状况发生。接下来将以常见的、经典的滤杯为例，示范如何运用手法及滤杯的特性，让颗粒缩短沉积的时间，避免萃取过度。

从外形上来说，咖啡滤杯大致上分为 2 种（图2-1）：

1 台形滤杯，也称作扇形滤杯，此种滤杯因为底部面积大且滤孔偏小，通常流速较慢。

2 锥形滤杯，这种样式的滤杯呈现圆锥状，下方滤孔通常较大，流速相对较快。

无论是何种样式的滤杯，滤杯的内侧都会有我们称之为"肋骨"的凸起结构（图2-2）。肋骨有长短之分，厚度也不同，肋骨与肋骨之间的间距也会有所差别，不同种类的咖啡滤杯内含肋骨的数量也有差异。它的主要功能就是调节空气的流动性，肋骨越凸出，空气的流动性就会越好。

台形滤杯

锥形滤杯

图 2-1

图 2-2

36

我们先看看以下 3 个问题：

❶ 肋骨扮演的角色是什么?

❷ 滤孔大小直接影响的层面又是什么呢? （图2-3）

❸ 滤杯的设计几乎都是以上宽下窄的方式呈现，这与咖啡的萃取又有什么关联呢?

图 2-3

即将进入我们要讲的重点，借由以上 3 个问题，将一步步带你找出细节里的"魔鬼"!

颗粒的饱和与释出

颗粒饱和的意义在哪里?

在咖啡萃取的概念中，不管是咖啡职人或是热衷于这个领域的咖啡玩家，甚至是一般的使用者，大家追求的目标，应该都是期许每一次的萃取能够均匀且完整。所以有效地利用颗粒吃水的模式，加上滤杯本身所拥有的功能，让颗粒能够快速饱和，且释出的咖啡物质越多，就代表冲煮出来的味道会越完整，更能忠实呈现该咖啡豆的烘焙风味。

前面章节已经将我们所设计出来的冲煮手法详尽解说，接下来只要针对滤杯的结构微调冲煮手法，就能够发挥其功能。在这之前，一样需要先了解"滤杯的功能"是什么。它并非只是单纯将热水倒入，然后让咖啡液流下来的萃取工具。每一款设计良好的滤杯都有它的优点，无论是偏重香气，还是想表现浑厚的口感，甚至是追求味道上的完整均衡。为何只是滤杯上的不同就会造成这么多的差异? 其实就是整个滤杯结构上的问题。我们的着眼点是借由合理的手法，让滤杯里的咖啡颗粒吃水完整度提高，以取长补短。

不同的滤杯结构

左右着咖啡特殊的香气

不知大家有没有注意到，在咖啡馆里，或是在网络上看到的文章，甚至是咖啡豆包装上的信息，在描述一杯咖啡时常常都会用一些很特殊的词汇，例如奔放上扬的热带水果风味、轻飘飘的花香、坚果般的香气、扎实浑厚的口感等。为什么喝一杯咖啡能冒出这么多词语？风味不会无中生有的，滤杯的功能无法创造出咖啡的风味，但是品尝一杯咖啡的强度、香气、持续性、尾韵和回甘，就可以利用滤杯的特性来呈现了。

优秀的滤杯设计，会从外形、肋骨的长短厚薄、滤孔的大小深浅等作考量，每个细节都有其存在的意义，其影响的是浸泡的时间、浓度的高低、香气的多寡、口感的扎实程度和尾韵的持续性（图2-4）。后文将针对四款经典滤杯做详尽的分析解说。我们秉持一贯循序渐进的原则，运用简单的手法，结合滤杯所要展现的特性，导出客观的成果，将手冲的结果通过系统化整理，将差异性以简单明了的方式呈现出来。常因为咖啡滤杯太多、太相似、太复杂而出现选择困难的你，从此不会再困扰。

台形滤杯　　　　　　　锥形滤杯

图2-4
　　不同造型的滤杯有不同的体积，有不同的吃水比例，进而呈现在不同的味道上。

两大经典款滤杯

首先上场的是曝光率很高、容易取得的两大经典
款滤杯，分别是台形滤杯 Kalita 101 与锥形滤杯 Hario
V60（图2-5）。

Kalita 101

Kalita 101 与 Hario V60 一直以来都是很经典的咖
啡滤杯，有众多的使用者，购买渠道也多，分别在台
形与锥形滤杯里占有很大的分量。这也是以这两款滤
杯为开端，来解析滤杯设计概念的主因。

Hario V60

分析完这两款滤杯之后，读者对台形滤杯和锥
形滤杯的基本概念有一定的理解，对于介绍其他经
典的滤杯会更加容易。

图2-5

先让我们粗略地比较这两款滤杯：

滤杯	Kalita 101	Hario V60
外形	台形	圆锥形
滤孔	三孔小	单孔大
肋骨	纹路浅，共 40 条	长短各 12 条

无须多说，单就外形来看两者是截然不同的，
那冲煮出来的结果，也如同外形一般相差很多吗？真
的能够证明不同的咖啡滤杯冲煮出来的风味，如同书
中所说那般大不相同？

图 2-6

开始冲煮之前，先试着从外观分析一些基本的滤杯特性，之后结合冲煮后的结果，将两者之间交叉比对。冲咖啡就是要"喝咖啡"，最后用喝的结果来验证这一大串的剖析。

从图 2-6 可以发现，台形的 Kalita 滤杯有三个滤孔且较小，底部窄，加上不明显的肋骨，空气流动性相对较差，由此判断加上滤纸与咖啡颗粒之后，流速一定偏慢。可以讨论的方向有：

❶ 流速慢代表水会在滤杯里面滞留很久，浸泡时间可能会过长。需要特别注意的是，若颗粒和水的结合方式不正确，浸泡过度的概率会上升。

❷ 三个滤孔的设计，会因为滤孔变多，弥补肋骨不明显的缺点吗？

再来看看 Hario V60 的外观，圆锥式滤杯的设计，单一滤孔且较大，螺旋状的肋骨结构深度非常明显，代表着空气流动性非常好，水流集中，流速会偏快。能够讨论的方向有：

❶ 流速快，意味着水跟颗粒结合的时间会偏短，无法萃取完整，可能风味浓郁性上会偏少。我们需要挑战的是如何利用这样的条件，让颗粒饱和与释出。

❷ 螺旋状的肋骨设计又能够为颗粒带来什么样的作用？

之前简单地从外观上面分析这两款滤杯的构造，接下来就是实际的冲煮了。我们会配合先前所提到的"万用手法"，来证实是否可以用手法来选择滤杯，冲煮完毕之后用喝来感受是否言之有物，不同的滤杯是否真的都有独特的特性存在，想呈现的风味是否会跟原本滤杯外形所透露的信息画上等号。

冲煮之前让我们先定一下规则，冲煮的测试需要把变因降到最低。另外，若可以轻易且完整地复制出我们所提供的资料与结果，那才是我们真正想传达给各位的经验与知识。

滤杯	Kalita 101	Hario V60
使用豆子	丑小鸭综合豆：黑皇后	同左
焙度	中深焙	同左
磨豆机	小富士 #3	同左
克数	15 克	同左
萃取量	300 毫升	同左
水温	90 摄氏度	同左
滤纸	Kalita 101	Kono 漂白
手冲壶	月兔印不锈钢 0.8L	同左

有了这些简易的基本数据和工具之后，试着运用颗粒吃水的方式、给水三大原则和冲煮三口诀，跟着我们一起参与咖啡实验吧！

给水（Kalita 101）

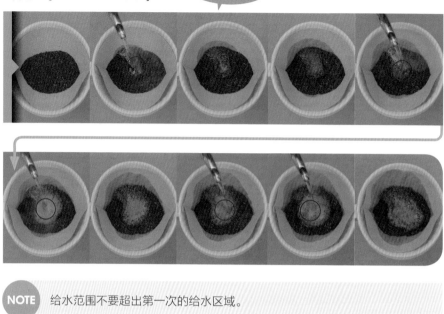

从 Kalita 101 开始冲煮吧！

> **NOTE** 给水范围不要超出第一次的给水区域。

铺水（Kalita 101）

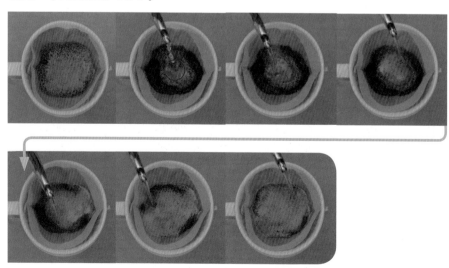

> **NOTE** 以画同心圆的方式，针对未吃水的颗粒进行给水。

给水（Hario V60）

第二个登场的是
Hario V60。

铺水（Hario V60）

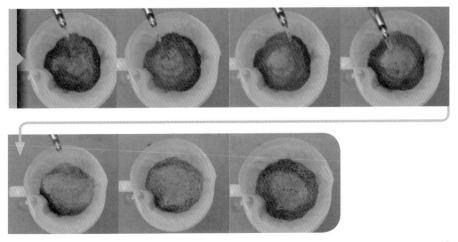

给大水（Kalita 101）

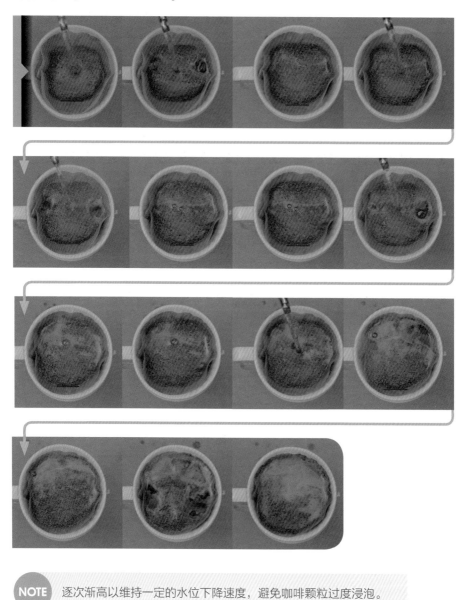

NOTE 逐次渐高以维持一定的水位下降速度，避免咖啡颗粒过度浸泡。

给大水（Hario V60）

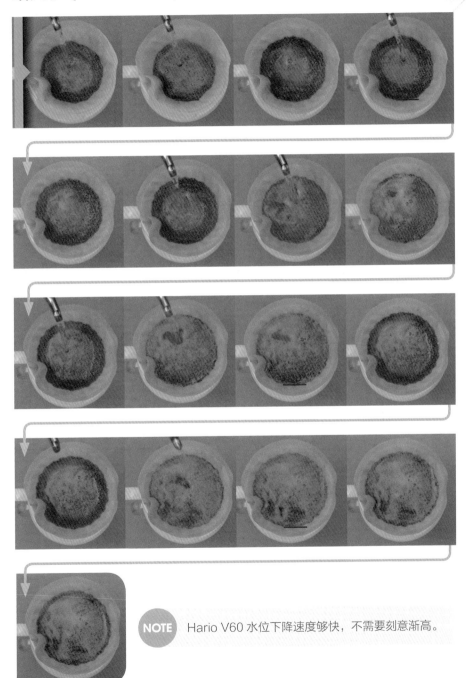

NOTE Hario V60 水位下降速度够快，不需要刻意渐高。

分别用两款滤杯进行了冲煮，在冲煮的过程中，如果仔细观察咖啡颗粒的状态，会发现一些耐人寻味的地方。接下来我们会一一说明，然后一步步地解开冲煮过程中的谜题。

先从 Kalita 101 开始说起。从冲煮过程的照片可以看出，由于滤杯属于台形的构造，整个粉层的分布情况是咖啡粉的表面积很大，厚度却不厚；影响空气流动性的肋骨部分并不明显，意味着水的流动性差。

图 2-7

当给予第一次热水的时候，可以清楚地观察到，接触到热水的咖啡粉层会先集中在中间点附近，所有颗粒吃水的比例小，水也不会很快地扩散至滤杯的外围（图 2-7）。经过几次给水之后，因为肋骨的直接影响，加上非圆锥形的样式，即使底部有三个滤孔，也不会一瞬间就让咖啡液流至装载的容器里。这里可以渐渐看出，我们根据给水要点进行冲煮，每一次的水柱都会穿过上一次的粉层，让咖啡颗粒吃水的比例逐渐提高，然后陆续地扩散至周围。因为下降速度缓慢，水容易聚积在滤杯底部，此时为了避免水滞留的时间过长，一方面利用给水的穿透力让未吃水的颗粒能够吃饱水，另一方面维持一定的流速，以免颗粒浸泡过度。大约萃取至 100 毫升的时候发现，大部分颗粒的吃水比例已经很高了，水位下降速度明显地变缓慢，此时以画同心圆的方式注水，让滤杯表层的颗粒也吃饱水，之后就开始以加大水量的方式冲煮，直到我们萃取出目标量。

至于 Hario V60，因锥形的构造，粉层的分布是集中的，表面积相对小，但厚度会较厚；因为滤孔较大，配合上明显的肋骨，可以确定的是空气的流动性会很好，水位的下降速度会比 Kalita 101 快得多。

观察第一次注水时颗粒产生的变化，很明显，Hario V60 整体咖啡粉层接触到水的比例比 Kalita 101 大，意味着全部颗粒瞬间吃水的比例大，前期不需要太多次的给水，就能够让所有咖啡颗粒都吃到水。滤孔和肋骨这两个重要的地方跟 Kalita 101 相比占有极大的优势，所以水沉积在底部的问题将会减少。以 Hario V60 在初期注水观察粉层的反应来看，呈现了大部分的颗粒一起萃取。有趣的是，萃取液大约到 100 毫升的时候，会发现底部的颗粒已经接近饱和状态了，时间点也很相近。因为是锥形滤杯，即便颗粒大量饱和，水位下降的速度还是远比台形的 Kalita 101 来得快，此时依照冲煮

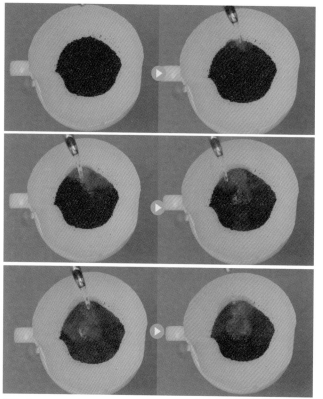

图 2-8

第二个口诀，一样以画同心圆的方法让表面的粉层也吃饱水，接下来就不断地给大水，直到萃取出目标量（图 2-8）。

NOTE Hario V60 的流速非常快，给大水的这个阶段会完全展现出来，这个时候只需要给水至原本的高度，等到下降的速度明显变缓，再加高水位即可。

到目前为止，好像可以看出一些端倪了。两款完全不一样的滤杯，其饱和时间点居然很相近，咖啡颗粒并没有因为滤杯本身流速的快或慢，造成饱和的时间点跟饱和时的萃取量有太大的差异。真正不同的地方反而在萃取后期，也就是在冲煮口诀的第三步才产生。从颗粒饱和后到萃取完毕的期间，才看出两款滤杯冲煮时间上明显的落差，这代表什么意思？这里先卖个关子，有太多的信息要揭露给各位知道，请容我们娓娓道来。

冲煮完毕了，还是要回归到喝咖啡。从喝的结果看，结合视觉、嗅觉与味觉三种人体感官来验证，并且反推回去看前文描述的是否为真。

Kalita 101 冲煮出来的咖啡液，颜色稍微淡一些（图2-9），闻起来平平的，没有什么强烈的起伏，但是持续性还不错，就好像深呼吸一样，吸了一口，鼻腔里充满了咖啡味。咖啡入口的感觉是好喝、顺口，口感上也均衡，

图2-9　　　　Kalita 101 与 Hario V60 冲出来咖啡颜色的差异

53

没有太过于刺激的感受，带一些咖啡的回甘感，但是整体感觉好像都不是那么突出。

Hario V60 呢？咖啡液的颜色稍微深一点（图 2-9），靠近杯口时可以马上嗅到许多浓烈的咖啡味，香气扑鼻而来，但是好像不持久。一口喝进口腔里，强烈的香气跟舌尖的感受一下子展开来，跟 Kalita 101 相比来得快，可是咖啡味一下子就散开了，有点短促，回甘的感受度不高，吞咽下去后，嘴里没有残留太多咖啡的香气。

两杯咖啡品尝起来落差太大了，这两款滤杯想呈现的风味，就如同上面所描述的吗？实验的部分有冲煮上的缺陷吗？卖的关子到底是什么？接着要抽丝剥茧般揭开滤杯的秘密了！

两款完全不同的滤杯，怎么会在相似的时间点与咖啡萃取量上达到颗粒的饱和呢？关键就是浓度！不管是身为咖啡职人或是对咖啡有浓厚兴趣的玩家，想要了解咖啡一定要了解浓度跟萃取率的关系，这两者的关系会忠实地呈现在滤杯的结构上。现在我们离问题的出口已经越来越近了，请继续往下看……

Part 3
咖啡的浓度与萃取率

所谓的浓度与萃取率

解释浓度和萃取率之前，先来浅谈喝咖啡这件事。就如同品红酒、饮威士忌或是喝茶，一杯好咖啡的味道也有所谓的前韵、中韵、后韵，从舌尖的位置一直延伸到舌根；香气亦然。而浓度和萃取率，香气和口感，是紧密相关的。香气意味着依靠与生俱来的嗅觉，口感则与舌头上覆满的味蕾息息相关，两者合二为一就是咖啡那令人着迷的风味了。

让我们开始揭开浓度与萃取率这两者的神秘面纱吧!

浓度——香气

浓度代表的是香气的总和，浓度越高，香气越强烈。在嗅闻时，也可以轻易地感受到咖啡颗粒内含的物质，包括高挥发性的分子、中挥发性的分子与低挥发性的分子。咖啡物质可溶于水的程度，越高代表越好，越容易在萃取初期时溶于水。此时恰好是给予一个重要观念的时刻，当咖啡物质溶于水时，是否就等同于这两者做了充分结合，而这正是马上要提及的萃取率——口感。

萃取率——口感

品尝咖啡时，舌头上的味蕾可以尝到酸、甜、苦和咸，口感代表着味道的质地、多寡以及延续性。咖啡豆本身的好坏有着一定程度上的差异，若只谈论冲煮的话，口感会跟冲煮的时间呈正比，就好比熬高汤一样，舌面上的感受会因为熬煮时间的增加而更完整，需要留意的是将冲煮的时间拉长后，要避免产生杂味、苦味和涩感。

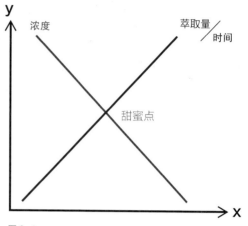

图 3-1

由图 3-1 可知，浓度与萃取率的关系就像跷跷板一样，一边重，另外一边就会轻，交汇处是冲煮所需要的甜蜜点，可以冲出一杯好喝、口感均衡的咖啡。浓度标示在图表上的 y 轴，各位可用一句俚语"小时候胖不是胖"来理解咖啡萃取时的浓度。

萃取率呢？最关键的因素就是咖啡萃取的总量和时间。

由图表中清晰可见，刚开始进行冲煮时，浓度释放的比例会非常高，原因在于这时候所有颗粒都处在能够大量释放的状态下，咖啡物质会大量释出。这时候萃取

总量不足，萃取时间也短，所以浓度会在高点，而萃取率在此阶段一定会相对较低。这就是为什么当冲煮咖啡时，前面的萃取液在舌尖的风味会特别浓烈，但是口感上面会稍嫌薄弱，延续性不足，味蕾的反应是刺激强烈的。而随着时间的增加和萃取量的上升，咖啡物质释出和结合的比例提高，香气和口感会逐渐达到平衡。

但是，这是在没有任何的变因之下浓度与萃取率的期望值，一旦加入了外在的条件，如不同的手冲壶、咖啡滤杯、给水的节奏，甚至是更换冲煮的器具，都会使颗粒的释放状态发生改变。

了解浓度和萃取率之间的关系之后，回到正在讨论的滤杯上，虽然饱和时间点相近，但是颗粒释放的方式却大相径庭。Kalita 101 是台形滤杯，颗粒释放的方式不像 Hario V60 一样是大部分的颗粒一起释放。Kalita 101 是渐进式地释放，虽然目标都是饱和，可是释出的咖啡物质却会因为跟水结合的时间长短而不一，造就了风味上的不同，也说明了因为滤杯外观上的差别，而使咖啡呈现出不一样的风味。

Kalita 101：

颗粒有顺序地释放，均衡地释出浓度，前、中、后段的香气和味道，与水结合的时间，不会相差太多。虽然在颗粒饱和后，给水方式转换成"给大水"，但因为是台形滤杯，加上肋骨不明显，即便利用了大水量的方式，滞留时间还是稍长一些。咖啡物质跟水结合时间拉长，萃取率上升，带来了均衡的味道。

先前一直没提到的三孔设计，以常理来推断，应该会对流速有帮助，但是加上了滤纸和咖啡颗粒后，就会产生变化。在冲煮时，三个滤孔并未对增加空气的流动性有帮助，若运用不够扎实、稳定的冲煮手法，便无法让颗粒均匀吃水，就等于每一颗咖啡颗粒的排气量是无法被控制的，整体滤杯内的空气流动状况就会有落差。分散的气体让咖啡液借由三个不同的滤孔萃取出来，使得抽取的力道无法集中。

Hario V60：

　　圆锥状的设计让集中的大部分粉层一起吃到水而释放咖啡物质，因为前段香气的挥发性分子与水结合的时间特别长，所以前段香气和口感的展现特别强烈。饱和之后的萃取过程，因为流速偏快，且是以整体粉层一起释放，导致后面释放的咖啡物质还来不及与水结合，就已达到设定的萃取量，让整体呈现的风味是入口强烈，而持续性差一些。但是Hario V60的特殊螺旋肋骨可以适当弥补这样的缺点，加上萃取时间较短，入口风味强烈，即便后段的风味较不完整，还是让 Hario V60 大受欢迎。

　　为什么这样的结构可以弥补原有的缺点呢？

　　由于 Hario V60 的圆锥设计，加上明显的弧形肋骨（如果肋骨的设计是直线，会令水位下降速度变得更快），下方的滤孔又偏大，使得水的流动路径延长、稍微增加颗粒跟水的结合时间，还能让水在下降的时候增加抽取力，使颗粒释出更多咖啡物质，让咖啡的风味更完整。

以上我们详细地分享了两款经典的滤杯，配合着中间穿插的要点，最后搭配了感官的评量，确认风味上是没有问题的。现在以表格的方式再一次整理，让对比更清晰。

滤杯	Kalita 101	Hario V60
样式	台形	锥形
流速	慢	快
粉层堆积情况	宽且分散	深但集中
释放方式	渐进式释放	大部分颗粒一起释放
香气	不突出，但持久	强烈而明显
口感	口感均衡，持续性好	入口强烈，回甘少

借由两款经典滤杯的冲煮结果，我们来呼应一下稍早提及的三个重点：

❶ 肋骨会使风味产生何种变化？

肋骨决定了空气流动速度，也直接反映在水位下降速度的快慢，所以用 Hario V60 冲煮出来的咖啡风味会比较强烈。

❷ 滤孔大小对什么有直接影响？

滤孔大小与多寡跟萃取速度，也就是水位下降速度有关。Kalita 101 虽然有三个滤孔，但是肋骨不明显，从而导致三个滤孔无法发挥功能，所以可以释出的物质就比 Hario V60 来得少。

❸ 上宽下窄的设计与萃取的关系。

上宽下窄的设计（图3-2）是为了能使水位快速下降，从而释出更多咖啡风味。

梯形

从对比两款经典滤杯的试验中可以看出来，一直反复强调的"水位下降的速度"代表着一个关键因素——味道的强度。

锥形

图3-2

Hario V60的流速很快，萃取出来的味道很强烈、很直接，但是正因为流速过快，咖啡物质还来不及与水结合，就滴漏到承接咖啡液的下壶里面，使得口感稍微单薄一些，持续性不够好；Kalita 101则相反，水位下降速度稍慢，颗粒和水在滤杯里结合的时间拉长，虽然入口的味道不突出，但是有均衡的口感和回甘的尾韵。

所以这里我们可以大胆假设，强烈风味的展现必须借由水位下降的速度来呈现。但是过快的流速会制造出一个不可避免的问题——给予的热水可能无法通过每一个咖啡颗粒，进而让风味呈现的完整度下降，这正是Hario V60最需要改善的地方。一般来说，我们都知道鱼与熊掌不可兼得，Hario V60冲煮出来的咖啡，虽然入口的味道非常突出，可是咖啡的口感和持续性却明显不足，甚至会有一种过于强烈的感受，没有那么滑顺。Kalita 101冲煮完毕后所呈现的咖啡风味恰巧相反。这本书希望可以做到两全其美，就是入口的味道够强劲，同时也要有饱满滑顺的口感和厚实回甘的尾韵。想做一杯好喝的咖啡，需要从哪里改善呢？可以归纳出两个要素：

❶能够保持将风味萃取出来的良好水位和下降速度。

❷需要时间所堆积出来的口感和尾韵。

　　即将登场的两款滤杯就拥有这样的特性，既能保持明显的下降速度，又能兼顾水滞留的时间。当然，这两款滤杯的结构在细节上各有不同。是否真的可以弥补前两款滤杯各自所不足的地方？让我们继续试验下去吧！

咖啡大师的滤杯：三洋滤杯

相信有接触手冲咖啡的读者们都知道，三洋滤杯是由日本的咖啡大师——田口护先生和三洋产业共同设计制造的，也是人气相当高的一款滤杯。

为什么田口护先生会与三洋产业合作设计出这样一款经典的滤杯呢？因为田口护先生本身也非常推崇Hario V60这种流速相当快的滤杯，不容易堵塞、好上手，即便是新手也可以从容使用。对职人而言，虽然可以借由手法与经验来控制水量和过快的流速，可是Hario V60能呈现的风味还是不够完善。所以田口护先生才会萌生设计滤杯的想法，让咖啡新手可以轻松冲煮出一杯好咖啡，也让职人借由这款滤杯将咖啡的风味表现得更完整，尔后就有了三洋滤杯的诞生。

三洋滤杯跟Kalita 101同属于台形滤杯，从外形看来，已经可以察觉到有几个部分有些许差别：

❶ 滤杯内侧肋骨的部分厚度增加（图3-3），从经验法则得知，其空气流动性变好，水位下降速度变快，咖啡入口的强度将会提高 。

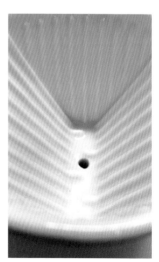

图3-3

❷ 滤孔从三孔转换成单孔（图3-4），流动的空气不会被分散，水的汇集也能让抽取的能力上升，释出更多咖啡物质。

❸ 肋骨厚度的增加和单孔滤孔的设计（图3-5），有相辅相成的效果，风味上的改变是可以期待的。

观察滤杯的设计不仅要从一个点去联想，还要从整体的架构去思考，细节的改变往往会成为影响风味的关键，细节才是冲煮好咖啡的决胜点。

这里需要稍微地强调一下，在本书中除了滤杯之外，其他的冲煮基础设定都不做改动，这是为了使冲煮测试结果更为客观。冲煮完毕后，一样借由"喝"来判断推测的部分是否为真。品尝咖啡，能够直接证实水位下降的速度，以及水与咖啡物质结合的时间是否会实际影响到咖啡风味的变化。

图 3-4

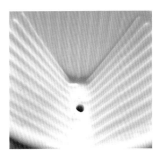

图 3-5

给水（三洋滤杯）

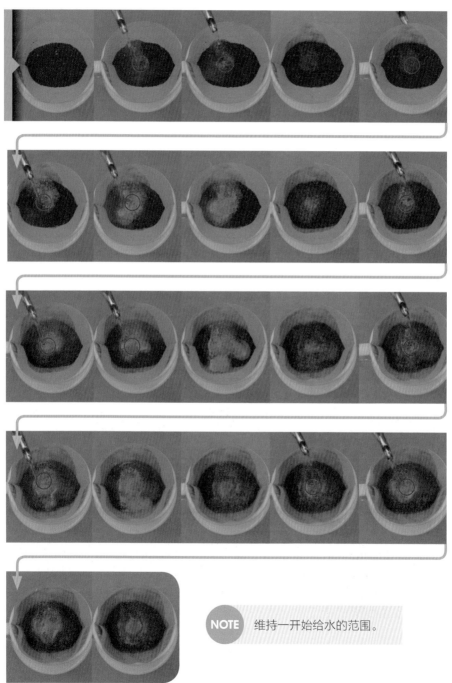

NOTE　维持一开始给水的范围。

铺水（三洋滤杯）

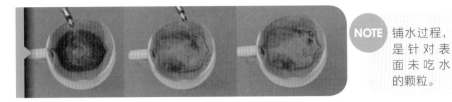

NOTE 铺水过程，是针对表面未吃水的颗粒。

给大水（三洋滤杯）

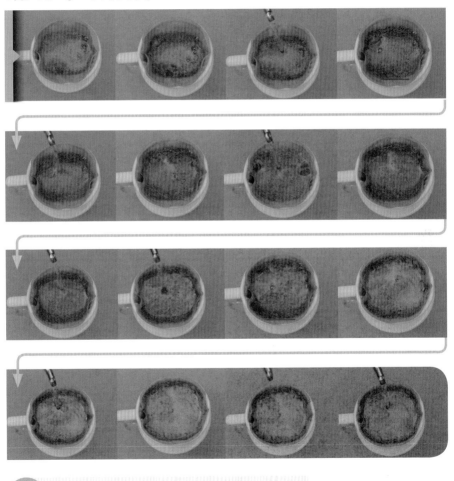

NOTE 水位逐次渐高，以维持一定的下降速度。

品尝咖啡之前，读者们是否从冲煮的过程中留意到一些小细节呢？提出有趣的一点——颗粒饱和的时间点还是一样很相近。为什么三款不同的滤杯的饱和时间点会这么接近？接下来的冲煮试验会显示出一样的状况吗？先把这个状况记录下来，留到一个合适的时机点，书中会为这个现象做一个总结，再一并说明。

喝一口咖啡吧！三洋滤杯所冲煮出来的咖啡液体看起来跟前两款滤杯冲煮出来的有点不太一样，咖啡液的颜色介于两者之间。入口之后，舌尖马上感受到颇为强劲的咖啡味，与 Hario V60 不同的是，风味有了持续性，尾韵的饱满度变多了，咖啡的浓醇香都跑出来了。但是，尾韵的部分还是少了一点。

品尝的过程中，风味呈现的结果跟我们从滤杯外观推论的结果很相近，那能否跟滤杯的构造联系起来？这里为大家循序渐进地解说。

从冲煮的过程中可以发现，因为是台形滤杯，所以在第一次给水的时候，水接触到咖啡颗粒的体积是有限的，跟锥形滤杯相比就是少了一些。可是肋骨的改变加上单个滤孔的设计，让空气的流动较为集中，水位下降速度跟 Kalita 101 相比快了不少，使入口味道上的感受比后者强很多，这意味着味道的质与量堆积得更多，以及萃取力上升。即便每一次吃水的比例没办法像锥形滤杯一样多，还是能有效地萃取出咖啡物质。由此可见水位下降速度的重要性。

滤杯底面较宽的设计，以及延伸的肋骨则为良好的流速留下了伏笔，让水滞留在滤杯的时间延长，得以与咖啡物质更充分地结合。这样带来的好处是有相对扎实的口感以及一定程度的尾韵，这部分可以从品咖啡的过程中明显地感受到。

梯田的作用

图 3-6

图 3-7

图 3-6 红圈的部分明显看见肋骨已经延伸至底部。三洋滤杯不管是肋骨的长度、厚度以及间距都足够，这些信息让我们可以得知滤杯的空气导流会相当不错，意味着水位的下降速度将会很快。但是，前文提过，下降速度需要的是适中而不是过快，应该要适时地减缓水位的下降速度，来确保水可以通过每一个颗粒。

再回头来看红圈的部分，底部的肋骨排列呈现出一个有趣的组合，像是梯田般的设计（图 3-7）。这个特殊的排列方式可以延长水的流动路线，当水位拉高的时候，可以有效延缓水位的下降速度，借以增加咖啡物质与水的结合时间。此设计如双刃剑一般，梯田般的肋骨的确会让水的路径有效地延长，但是当水位下降到与颗粒高度接近时反而会成为一个缺陷——流速过慢，原因在于水量少的时候水压下降，梯田般的肋骨使水的滞留时间在此时会过长，这也是用三洋滤杯冲煮出来的咖啡，尾韵的饱满度跟延伸性无法持续的原因。

同为台形滤杯的三洋与 Kalita 101，三洋滤杯的水位下降速度明显比 Kalita 101 滤杯迅速，但是三洋滤杯却只有一个滤孔，而这也再一次验证肋骨对于空气流动的重要性，滤孔只是起到延伸空气流动的作用。而滤孔过多只会干扰空气路径！

目前为止，貌似适合的水位下降速度和时间所带来的口感，符合了前段内容的推理。实际上，佐证越多就越能够巩固并加深书中分享的理念。打铁就要趁热，让我们赶紧先介绍下一款滤杯——第四款滤杯。

咖啡滤杯的始祖——Melitta 滤杯

现在之所以有这么多款式的滤杯，要归功于 Melitta 滤杯的发明者 Melitta Bentz 女士。此品牌的滤杯是由她于 1908 年所研发出来的，也是世界上第一款咖啡滤杯，尔后陆续推出更多的滤杯。回归到 Melitta SF1×1，先从滤杯的外形谈起。

Melitta SF1×1 与 Kalita 101、三洋滤杯，同为台形滤杯，外观乍一看与方才介绍的三洋滤杯有点相似，我们尝试着找出它们之间的异同点：

❶ 内侧肋骨的部分（图 3-8），一样保有代表着良好空气流动性的厚度，但是肋骨彼此之间的距离却太相近了，是否会造成流速的延伸性没有三洋滤杯好？

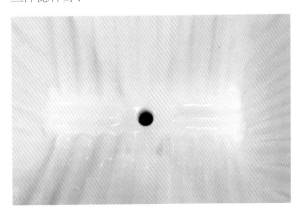

图 3-8

❷ 倒过来观察，底部呈现凸状（图3-9），那正面是否为凹状呢？

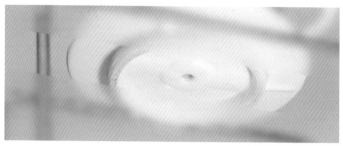

图3-9

❸ 整体滤杯的开口很广，与圆锥的概念有点类似，在底部的呈现则以细窄为主（图3-10），从这点来看下降的速度会很集中。

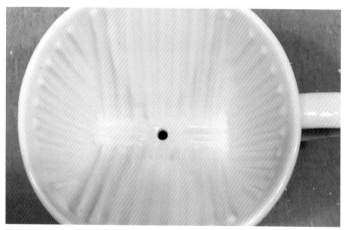

图3-10

又到了推理的时间了，综合以上三点，试着将之整合起来做一个概述。清楚分明的肋骨虽然间距过于紧密，但是单孔的设计，以及整体外观采用接近上圆下窄这样集中式的架构，水位下降速度跟三洋滤杯相比或许会稍慢，但是瞬间下降的力道可能会弥补这一缺陷。有一个微妙的地方则是流速稍慢带来的好处，使咖啡物质与水结合的时间拉长。

给水（Melitta SF1×1）

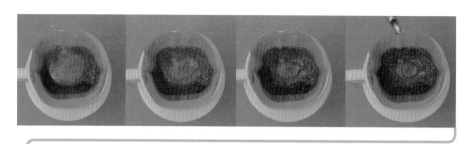

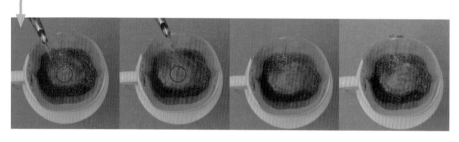

NOTE 维持小范围给水会更容易让未吃水的颗粒吃饱水。

铺水（Melitta SF1×1）

NOTE 针对表层未吃水的颗粒进行绕圈，但此时水位还不需要渐高。

给大水（Melitta SF1×1）

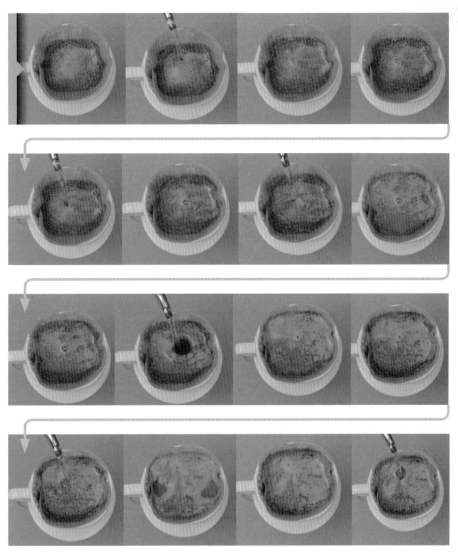

NOTE 水位渐渐变高，维持水压。

又结束一款滤杯的冲煮测试了。观察整个冲煮的过程，同样有趣的事情又发生了，颗粒饱和的时间点还是一样很接近。当一件事情接二连三地发生，就不能称之为巧合，而是事实。

舌头就是我们的数据来源。先喝一口咖啡，一入口带来的是明显强烈的咖啡风味，浑厚扎实的口感随之而来，不同的是饱满回甘的尾韵，比起三洋滤杯更是有过之而无不及，整体风味上的呈现又更加完整了。细节的不同造就了结果的不同，小地方的修正让差异性彻头彻尾地呈现出来。

Melitta SF1×1滤杯宽广的开口连接着狭窄的底部，使粉层相对集中，虽然是台形的滤杯，却可以让颗粒吃水比例大大提高。从第一次给水来看，整体咖啡颗粒接触热水的体积，比前两款台形滤杯来得多。Melitta SF1×1滤杯的肋骨间距没有三洋滤杯的宽，导致水位下降速度稍慢一些，却可以提高整体吃水的比例来增加此时的优势，颗粒一瞬间释出更多咖啡物质。另外狭窄的底部设计，加上一个极为重要的小巧思——下凹的底部设计（图3-11），让水位下降时，可以加速抽取咖啡物质，使得肋骨间距小所产生的缺陷就显得微不足道了。需要流速快才能呈现强烈的入口风味，通过这出乎意料的不起眼的小细节给表现出来。又因为整体水位下降速度比三洋滤杯来得稍慢一点，水与咖啡物质结合时间拉长，让整体的口感尾韵回甘比起三洋滤杯来得更持久，强度上又不输给三洋滤杯，让Melitta SF1×1这款滤杯呈现的咖啡风味是均衡、强度够、持续性佳而绵长的，吸收了前文所述三款滤杯的优点。

图3-11

红线处可以看得出来底部的设计是呈现一个微微的下凹状，这样的细节会让滤杯往下抽取的力量加强。下凹的设计让堆积的咖啡颗粒产生的空隙阻力变小，意味着又影响到流速。一个小细节，产生相对大的影响，让结果完全不同。

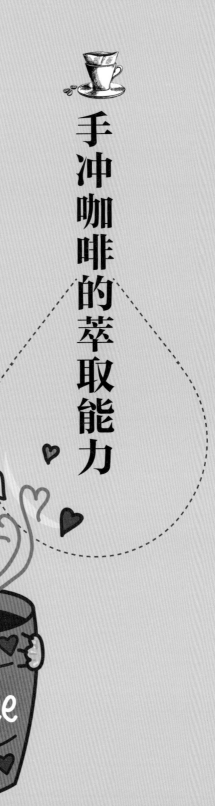

手沖咖啡的萃取能力

为什么不一样的滤杯，但颗粒饱和的时间点会如此接近呢？其实这里要透露的信息也是很多人可能会忽略的：

❶给水的手法帮助颗粒饱和。

❷滤杯的结构设计帮助颗粒释出咖啡物质。

这也可以解释，为何饱和的时间点相近，可是喝起来的味道和感受却完全不同。

以四款已经试验的滤杯为例，我们先以简单的方式来判断颗粒饱和的时间点。颗粒吸水会变重，变重的颗粒往下沉的速度变快。以第一阶段不败的手法来冲煮时，给水的量并不多，加上接近饱和颗粒的比重已经大于水，颗粒吸水的状况没有初期来得好，水位自然会上升得非常快。水位上升快速的这个状态，就说明颗粒已经饱和到需要转换给水的方式了。

不同的滤杯会有不同的水位下降速度。既然是这样，饱和的时间点应该会有很大的落差才对，结果反映出来的却是：四款滤杯饱和的时间点接近，产生的剧烈变化，反而是在饱和之后才开始。饱和之前所萃取的咖啡液品尝起来虽然会有所不同，但是会呈现该滤杯的特色，颗粒释出的功能是在颗粒饱和之后才出现差别。颗粒饱和后并非就停止释出咖啡物质了，假设在此时就已经停止释出，那就不需要设定萃取量了，直接注入热水到目标量即可。滤杯的价值会在这个时间点展露无遗，既拥有良好的下降速度或抽取能力，又能提供足够的时间让咖啡颗粒与水结合，从而呈现出咖啡豆的本质和冲煮出来的风味。

再重新整理一下，手冲咖啡的呈现是：

第一口诀：注水，代表的含义是整体咖啡颗粒浓度上释放的完整程度，风味的强弱在此决定。

第二口诀：铺水，意味着表面咖啡颗粒吸水。

第三口诀：给大水，调整浓度，口感的堆积和持续性的差别是以这阶段为分水岭。

重点上文已经总结出来了，再帮各位稍微整理一下已经分析的四款滤杯的特性。下页有一张图表可以清楚地分辨出各款滤杯的优缺点。

为什么会特地选择这四款滤杯呢?

原因很简单，除了它们都是很经典、具有代表性的滤杯之外，容易购买和曝光率很高也是挑选的关键。这样可以让有兴趣的各位轻易地取得这几款滤杯，也让本来就有却不太了解滤杯功能的使用者可以尝试我们的测试方式，对比之前的手冲方式，看可不可以擦出新的火花，得到和之前不一样的结果。

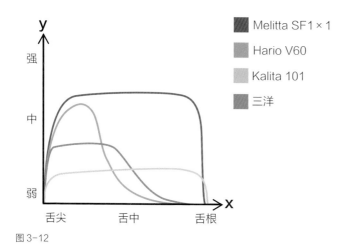

图 3-12

y 轴代表的是咖啡入口风味的强度；x 轴代表的是舌头感受的区域，由左至右分别是舌尖到舌根的位置，表现的是口感和味道的持续性。由图 3-12 可以更清晰地看出四款滤杯不同的特性。

Melitta SF1×1 的表现最为均衡，无论是口感的延伸或是入口的强度都很不错。

Hario V60 的表现则是入口强烈，后劲无力，口感没办法维持太久。

Kalita 101 各方面的表现都不突出。

三洋滤杯的表现中规中矩，倒也是个不错的选择。

青菜萝卜各有所好，客观地分析滤杯的功能和它所呈现的风味，不做进一步的评论或是建议，目的只是在于归纳每款滤杯的功能，让使用者可以通过衡量自身的预算、味道上的偏好来选择滤杯。

已经介绍四款滤杯了，都是经典产品，美中不足的地方是台形滤杯占了三款。貌似我们很偏爱台形滤杯，所以下一款要介绍的是锥形滤杯，让天秤的两端稍稍地平衡一下。

滤杯	Kalita 101	Hario V60	三洋	Melitta SF1×1
样式	台形	锥形	台形	台形
滤孔	三孔	单孔	单孔	单孔
肋骨	上下各 9 条，左右各 11 条	长短各 12 条	上下左右各 9 条	上下左右各 9 条
	共 40 条	共 24 条	共 36 条	共 36 条
	沟槽浅	沟槽深	沟槽深	沟槽深

Part 4
划时代的滤杯——Kono

图 4-1 　　　　　　　　　Kono

图 4-2 　　　　　　　　Hario V60

图 4-3 　　　　　　　Kono 内部构造

前面已经将四款滤杯给水的概念、颗粒的饱和、滤杯的结构都说得非常清晰明白了。不管是台形或是锥形的滤杯，讨论的重点都在肋骨上面，借由这项关键的设计呈现出咖啡的风味。假设不是借由肋骨的功能也可以让咖啡的味道得到展现，有可能吗？接下来要介绍的第五款滤杯——日本的 Kono 滤杯就拥有如此特殊的萃取方式。

一个很特别的词汇"气压式萃取"说明 Kono 是一个特殊存在的滤杯。先从样式来看 Kono 滤杯（图 4-1），与 Hario V60（图 4-2）同属于圆锥形滤杯，但内部构造却完全不一样。首先注意到的是线形的肋骨构造，而且肋骨只从滤杯的三分之一处开始，然后延伸至滤杯底部（图 4-3）。有趣的是滤杯上半部的三分之二都是平滑的表面，跟前四款滤杯相比差别不小，但正因为这样的设计才会造就如此特殊的气压式萃取。接下来就让我们娓娓道来。

先尝试从外观分析这款不一样的滤杯。我们可以从三个方面来讨论：

❶ 笔直的肋骨配上锥形滤杯的设计，是不是意味着水位下降速度可能会过快，没有足够的时间让水与颗粒结合，从而导致口感不足？

❷ 滤杯上半部分光滑的表面，使得咖啡滤纸沾水之后伏贴在滤杯上面，导致空气的流动性变得极差。

❸ 滤纸放入滤杯后，底部滤纸的部分会外露大约 1 厘米。（图 4-4、图 4-5）

综合以上三个方面会呈现出什么样风味的咖啡呢？前文提到 Kono 是一款特殊的滤杯，所以这次会将前面介绍过的 Hario V60 一同拿来做冲煮测试。借由相同的冲煮手法比较两款锥形滤杯，这样差异性也能简单地辨别出来。

我们将两款不同样式的锥形滤杯做比对，除了增加冲煮测试的趣味之外，主要也是想借由两者的不同，将萃取的概念和给水的重点再加以强化，让使用者可以反复地检视自己的问题，这样才能回到问题的根本，找出滤杯之间的差异性。

先以图 4-6 简单带入两款滤杯的结构设计，再搭配上文字的解说，会更容易在脑海中产生出画面。

图 4-4

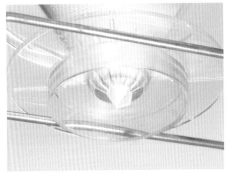

图 4-5

Hario V60

Kono

图 4-6

『万用手法』与 Kono 的对应

"失败乃成功之母。"这句话，在冲煮上很实用。相信大部分人做事的经验都是从一开始做不好，再逐渐到"熟能生巧"。冲煮咖啡亦是如此，没有人可以一夜之间变成咖啡职人。解决好每一个冲煮问题，距离成为职人就近了一小步，因为每个问题都会提供一些线索帮助我们思考，再从问题中去寻找答案，会得到很多意想不到的反馈。

与其开门见山地说"万用手法"不适合这款滤杯，不如深入研究原因，找出问题所在，才能往对的方向前进。这次的冲煮测试会探讨为什么"万用手法"不适合这样设计的滤杯。凡事总有个万一，即便看起来是合情合理的冲煮理论也会碰壁。但是别忘记了颗粒应该有的吃水模式，从此方向去切入，路会宽广一些，分析如下（Hario V60的冲煮试验参考本书第47、49页）。

给水（Kono）

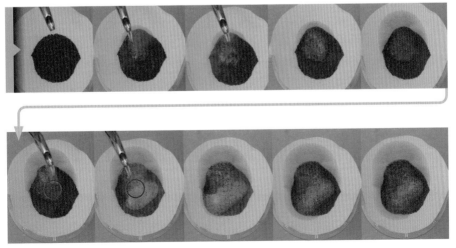

Kono：虽然外观看起来与 Hario V60 差异不大，但是没有肋骨的地方会阻碍热空气向上导流，造成水的流动性非常差。因为水与颗粒都只是在滤杯的空间里面滞留，所以容易造成浸泡过度。

Hario V60：有良好的排气结构，锥形样式让颗粒吃水的比例一开始就很好。

铺水（Kono）

Kono：咖啡粉的状态看似相差不大，有一定的水位下降速度。但因为排气状况不好，加上滤纸会因为给水次数的增加，沾湿的面积逐渐扩大，渐渐地伏贴在滤杯周围，以致空气的流通越来越差，即使有一定的水位下降速度，萃取力也并不好。露出底部的滤纸也会让水汇流在此，导致大部分颗粒开始浸泡过度，而且饱和的时间很快，不需要给太多次水，水位也会快速上升。

Hario V60：前几次给水会让大部分颗粒吃到水，吃饱水的比例也会随着给水次数增多而逐渐提高。在水位下降速度明显变缓时就可以进行绕圈，针对表面尚未吃饱水的颗粒给水。

给大水（Kono）

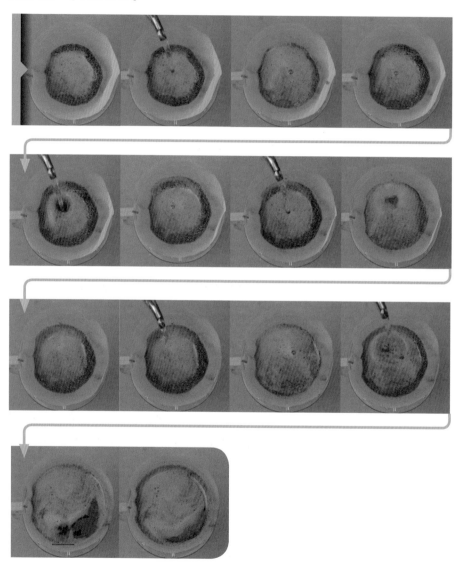

Kono：在水位渐高的情况下，因为排气的状况依旧不好，空气没有好的导流，即使是锥形滤杯的结构，拥有良好的流速，也没有办法利用这个优势让咖啡物质释出，只是不断地浸泡到目标的萃取量。

Hario V60：就如同之前的冲煮一样，尽情地给水。这时候 Hario V60 的良好排气结构优势，加上螺旋状的肋骨结构，从而顺利地萃取到目标量。

Hario V60 的部分我们用画重点的方式简单带过，味道上的呈现符合我们的预期，有强烈、奔放的风味，但是味道的持续性和口感还是差一些，这是此款滤杯的劣势。

Kono 的冲煮结果，可以预料的是，味道上可能有许多缺点。让我们先喝一口看看吧！果不其然，风味不佳，涩感明显，也没有好咖啡该拥有的顺滑感。

试喝结果毫不意外，味道也从上面的文字中描述出来了。但是我们不仅是想要跟各位说明原因，还要从中找出问题，找到正确的冲煮手法，然后再进行一次冲煮测试。

导致咖啡产生缺点的原因是什么？

❶ 颗粒吃水不完全，导致产生杂味。

❷ 冲煮手法不对，所以颗粒吃水不完全，导致"万用手法"失效。

开始重新剖析滤杯的构造，避开第一次冲煮产生的缺点，导入正确的颗粒吃水模式，重新测试一次。从给水的三个阶段做改善，也就是给水、铺水、给大水，将手法不对的部分做出更改。

❶ 稍短的肋骨和光滑的滤杯表面，造成排气状况不好，水量给予过多容易造成颗粒浸泡过度，所以给水模式改成滴水（图4-7）。从中心开始用滴水的方式可以减少颗粒排气，让水更容易进入颗粒里面。此时观察颗粒的表面，当表面的颗粒出现泡沫时，要适时地加大一些水量，不间断地进行冲煮。持续观察表面的颗粒，会发现颗粒由中间往外扩散，像一个小蘑菇。这时候也需要注意萃取出来的咖啡液体，会从滴水状慢慢变成小水柱，此时要马上停止给水。

图 4-7

NOTE 以滴水的方式，会让颗粒更容易吃饱水（用少量的水就让颗粒饱和）；滤纸也因为沾湿，所以伏贴在滤杯上，加上颗粒之间在有限的排气状态下制造出空隙，从而产生小水柱。所以，此时出现的小水柱代表大部分颗粒已饱和，需立马停止给水。小水柱在空气的导流下进入肋骨底部，抽取能力会相当好，可以一瞬间带出许多咖啡物质。

让水更容易进入颗粒里面

不间断地进行冲煮

NOTE 要维持有颗粒浮出来的状态，所以给水会从一开始的水滴渐渐转成水柱，直到萃取下来的液体产生小水柱。

❷ 第二个步骤变化并不大，等到滤杯中的水停止落到下壶，一样用绕圈的方式给水。水柱需要小一点，同样是针对未吃水的颗粒进行给水，使之饱和。

针对未吃水的颗粒进行给水，使之饱和

❸ 滤杯中的水落到下壶会慢慢从水柱状变成水滴状，接近停止时，就要开始给大水了，Kono 滤杯最重要的概念——气压式萃取就在这里呈现出来。一样使用给大水的模式，但是从圆锥部渐高的水位方式直接拉高到滤杯的一半。伏贴的滤纸配合突然拉高的水位，加上圆锥形的构造，滤杯空气的流动又只集中在下半部的肋骨空间中，此时有足够的水压使向下抽取的力道大幅度提升，一次性将颗粒中的咖啡物质萃取出来。记得露出滤杯底部的滤纸吗？也会在此时产生作用，延长颗粒与水的结合时间，让咖啡的饱和度大幅度提升。接下来只需要反复地给水到滤杯一半的位置，等到水位下降速度变慢，给水的量直接到达滤杯的顶部维持水压，让气压式萃取继续进行，然后到设定的萃取量即可。

萃取

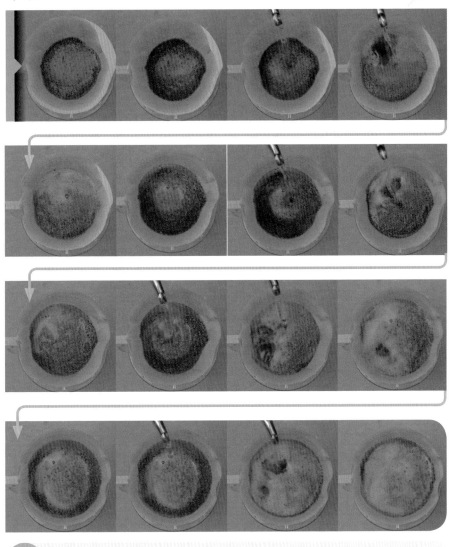

NOTE 露出滤杯底部的滤纸其实是一个非常重要的细节，要是凸出底部的部分过少，会让空气的流动性变得更差，聚积的水会让颗粒长时间浸泡在水中，从而产生不好的风味。

用修正后的手法冲煮咖啡，味道喝起来怎么样呢？能够改善第一次冲煮测试产生的缺点吗？先喝口咖啡吧！

一入口感觉不到非常强烈的风味，但是顺滑感非常好，口感饱满，尾韵扎实，味道持续性非常好，缺点也都消失了。跟同为锥形滤杯的 Hario V60 呈现的风味居然相差这么多。这就是 Kono 滤杯的特性。回想一下每一次的萃取是不是都是一次性的释放，如果是，咖啡物质与水结合的程度会相当好，口感、尾韵、持续性也会展现得很完美。

回头检视一下萃取是不是符合给水的三大原则：

❶ 第一阶段给水的时候，利用滴水替代水柱的方式，减少颗粒排气，避免颗粒因为空气流动性不好，使吃水难度提高。符合。

❷ 第二阶段滴水会随着颗粒吃水状况而改变，会逐渐加大滴水的量，变成小水柱，避免让表面颗粒重复吃水，等于每一次给水都要让新的颗粒吃水。符合。

❸ 第三阶段给大水增加水压的时候，会等到水位下降速度变慢后才继续注水，是为了不让颗粒静止不动，浸泡在水中。符合。

　　真正解析后，发现每次给水，其实都符合给水的三大
原则。但是因为 Kono 滤杯极为特殊的设计，使得"万用
手法"需要做一些变动。眼尖的各位可能会知道，我们一
直在围绕颗粒吃水的重点以及给水的原则进行解说，这是
为了让正确的冲煮理念可以一直被延伸、利用。

 # 进化的一、二、三代

Kono 一代

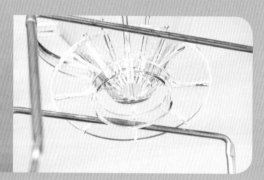

Kono 二代

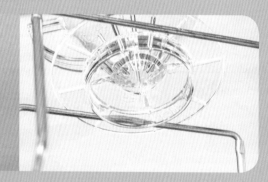

Kono 三代（90 周年）

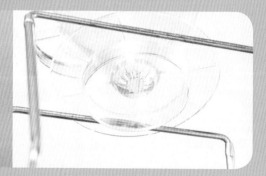

看完了上文对 Kono 滤杯的分析之后，读者们对于咖啡、水和滤杯的架构是否又有更深一层的了解呢？热爱咖啡或是一脚已经踏入咖啡职人界的读者们，在冲煮咖啡这件事上绝对不要画地自限，根深蒂固的观念也是有机会被打破的，唯一不变的是颗粒吃水的原则，Kono 滤杯是一个绝佳的范例。当冲煮碰壁时，整理一下思绪，别一股脑儿不知变通，只要将冲煮咖啡的关键要素一项一项地列出来，就会为冲煮这件事情带来完全不同的面貌。

Kono 滤杯，是一个不断进化的滤杯。它不单只有前文介绍的一种而已，主要的滤杯样式共有三种。显而易见，此章节要谈的是另外两种，会以修正的角度来探讨，让我们继续读下去。

上一页的图由上至下分别为 Kono 一代、二代和三代滤杯，前文提到的滤杯为 Kono 的二代滤杯，每次的改版都做了一些修正。为了让读者轻松地阅读、吸收，所以以下采用表格的方式做比对：

滤杯名称	Kono 一代	Kono 二代	Kono 三代 (90 周年)
肋骨	滤杯一半	滤杯三分之一	滤杯四分之一
下环	小	大	大
肋骨延伸	至底部	至底部	超出底部约 0.6 厘米

已经将三款滤杯的不同之处列举出来了，我们需要做的就是将这三款滤杯之间的差异一网打尽，然后再逐个击破。

对于二代滤杯的架构，读者们应该都还记忆犹新，在改善的过程中，找到缺点会比发挥优点来得重要。运用鹰眼般的洞察力，来玩个"大家来找茬"的游戏，这也是解说这三代滤杯的重要手段。

❶肋骨：

从一代开始，肋骨的构造就不是出现在整个滤杯上，可以注意到，肋骨设计的长度是逐渐变短，到了三代，肋骨不但缩短，而且厚度也变薄。从一代的架构来看，Kono 滤杯的冲煮指标从一开始就是以饱满的口感为前提。

❷下环：

从一代直径只有约 5 厘米的下环，到二代直接扩展至约 6.5 厘米，这结构与玻璃下壶有很大的关系，另外下环的周围都有延伸的凸起物，这两件事是息息相关的。一代下环的直径过小，对维持独特的萃取方式会造成影响。所以从二代开始，下环的直径就直接扩大至与玻璃下壶几乎一样。

❸肋骨延伸：

到三代的时候，肋骨的延伸直接穿透了底部，向外延伸约 0.6 厘米，开口处相对缩小，制造出更强的抽取力。

归纳完上述三点之后，不免俗的论述又该出现了：因为肋骨的构造并没有出现在整个滤杯上，滤杯光滑的表面会直接影响到气压式萃取的时机点，所以每一次的修正，除了要避免颗粒在排气不顺的空间里面浸泡，还要让气压式萃取可以更早发生，提高咖啡口感的饱满度。下环在直径上做了大幅度的修正，几乎与玻璃下壶是密合的状态，此修改可以稳定热空气在内部的能量，防止下壶空气流动过快，提供相对稳定的抽取力。顺带一提，滤杯之所以与下壶没有完全密合，以及下环延伸的设计都是为让空气能够流动，以防树脂的构造让水蒸气附着在表面。最后，第三代肋骨延伸的长度直接外凸穿过底部，让水流可以更加集中，配合上变薄的肋骨，使气压式萃取提早，从而提高整体抽取力。

一个模式的滤杯做了多次的修正，都是为了萃取出更完整的风味。适当的改变让咖啡萃取变得更容易，也更好上手。

Part 5
给水就可以喝的咖啡滤杯

丑小鸭滤杯的诞生

萌生念头

手冲咖啡的架构是我们几年来不断累积的成果，每一个环节都需要数以百计的练习与测试才能够确认。滤杯、手法、颗粒与水的结合，简单的几个字词代表的是整个手冲咖啡观念。热情是让我们坚持下去的重要信念，凭借着让咖啡世界蔓延至更多人的想法，以及揣着中国台湾也可以制造出优质产品的心，所以有了研发滤杯的念头。结合教学经验和对咖啡滤杯的见解，逐步将脑海中尚未成形的那块拼图慢慢拼凑出来。

设计概念

好的口感，一直以来都是我们所追求的。集思广益是创造滤杯的最好方式，多年的教学经验和投入的心力让我们对于滤杯的拆解、分析，可以说是驾轻就熟。在设计的阶段，我们试着找出每一种具有良好功能的构造来组合这款不败的滤杯，每一处细节都经过精心考量。接下来就是拼图游戏，请各位往下看：

❶ 创造入口的风味。第一印象永远是重要的，利用风味的丰富性来吸引人的味蕾。拥有良好风味的第一要求是良好的水位下降速度，外形上圆锥式的造型就会是不二选择。

❷ 当入口风味的强度有了，接下来需要的是风味的完整性。而台形的构造会延长水的滞留时间，确保水会经过每一个颗粒。

综合这两项特点，我们做了一个大胆的实验，将两者合并，如图 5-1 所示。

图 5-1

从图 5-2 可以观察到，顶端开口的部分利用圆锥式（A）的良好流速和粉层集中（B）的概念，同时结合台形滤杯的杯身（C），解决流速过快的问题，巧妙地将风味上的强度和完整性连接起来。

风味的处理先告一段落，接下来的重点在肋骨上面。一般来说，台形滤杯肋骨的两侧功能相对较少，空气会朝顺畅的地方流动。圆锥式的肋骨（图 5-3）会让空气流动更均衡，意味着水的流动性会更好，减少单一颗粒阻塞的机会，也连带影响瞬间萃取的量。

再就是口感的延续性。饱满的口感是因为颗粒与水结合的时间够久，加上咖啡滤杯的瞬间抽取力够强劲，把咖啡物质萃取出来。所以：

❶ 延续台形滤杯的杯身，将底部的构造缩窄（图 5-4），单一滤孔的设计确保水汇集时力量可以集中（图 5-5），与风味的设计环环相扣。圆锥式的

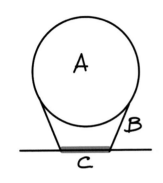

图 5-2

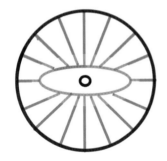

图 5-3

图 5-4

图 5-5

111

开口配上台形的杯身、缩窄的底部，咖啡粉层接触热水的体积会更大，台形滤孔的设计方式也会有效拉长颗粒与水的结合时间，口感的延续性就容易呈现出来。

❷ 瞬间抽取力的良好典范就是 Kono，它拥有饱满的口感。丑小鸭咖啡师训练中心在此用了一个很独到的方式设计，让肋骨占杯身的四分之三左右，剩下的四分之一都是平滑的表面，底部除了有两个凸起的小点，还可以清楚地发现滤杯底部两端有垫高的小台子（图5-6）。

图5-6

从示意图上可以清楚地看出来此部分在外观上是如何设计的，而这个部分是整个滤杯的精华所在。圆锥形的开口结合台形的杯身，就是既要确保空气流动更均衡，又要在既定的时间让颗粒与水做结合，从而获得好的口感。底部的构造是我们将好滤杯的概念浓缩之后，加以实践的实验性产物。

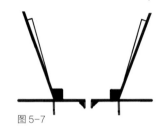

图5-7

图5-8

❶ 看到底部两侧垫高的台子和凸起的小点（图5-7），这地方有效地让滤纸做一个浮空的状态（图5-8），置入滤纸之后可以隔离出一个小空间（图5-9），这代表什么？就是变相的气压式萃取。当热水开始接触到下层的咖啡粉之后，滤杯两侧垫高的

图5-9

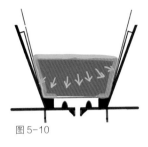

图 5-10

小台子上方也是平滑的表面，意味着滤纸将会彻底伏贴（图5-10），空气的流动出口只剩下下方的滤孔，底部腾出的空间就会创造出强劲的抽取力，使咖啡物质一次性被释放出来。将此萃取方式设计在底部，在一开始进行萃取时就能够有效率地展现出来。

图 5-11

❷ 腾出的空间是一石二鸟的独创性结构。底部的空间除了利用压差制造出很棒的抽取力，已被萃取出的咖啡液体也会经由这个小空间再流至承接咖啡液的下壶中（图5-11），减少咖啡颗粒浸泡的时间。

图 5-12

图 5-13

❸ 滤杯下半部还有两个小巧思。一是两侧垫高的小台子比凸起的小点高一些。滤纸放入之后让空间独立出来，这个微妙的高低落差会在颗粒吃水变重时（图5-12），让颗粒的排列组合发生小小的变化，将呈现一个微微的钵状，使阻力变小，同时也减少阻塞，也就是浸泡的概率。二是滤孔的深度比一般的滤杯深（图5-13），作用是可以稳定萃取的水柱，不会因为外部空气的回流产生萃取的落差。

对整体滤杯的架构已经做了详尽解说，先回想一下此书一直强调的，需要将滤杯全部的构造都放进冲煮的系统里面，而不是看单一的结构。所以拼图游戏开始了，试着跟着我们组合一款不败的滤杯。

图 5-14

不败的滤杯是这样组合的

❶ 圆锥式的开口结合圆锥式肋骨摆放方式，整个滤杯的杯身和底部萃取液的出口采用台形的架构，让水可以经过每一个咖啡颗粒（图5-14），从而拼出一个口感与香气并存的滤杯雏形。

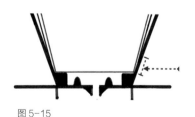

图 5-15

❷ 利用狭窄的底部设计，巧妙地连接着底部平滑表面（图5-15），使得整体颗粒吸水比例提高。除此之外，特殊的气压式萃取也能够加强口感的饱满程度。这个时候已经成为一款香气与口感并存的好滤杯了。

❸从前文我们可以得知，颗粒吃水的三大原则
与浸泡过度息息相关。丑小鸭滤杯所有的细节，都
是为了能减少颗粒浸泡过度。无论是利用锥形滤杯
肋骨的放置方式，或是独立制造出的空间，还是底
部的独特设计，都是为了避免颗粒被萃取过度（图
5-16）。减少缺点就等于放大优点，让冲煮不再困难。

我们设计出一个即使是新手，也能从容冲出
一杯好咖啡的滤杯，彻底体现了我们丑小鸭咖啡师
训练中心的理念，也符合了此工具书想传达的想
法——这样冲咖啡就对了。

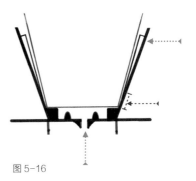

图 5-16

115

丑小鸭滤杯的诞生地

　　冲煮咖啡的热水可以一直维持同样的温度是一件重要的事，但是多数人都把目光集中在手冲壶上，反而忽略滤杯本身的保温条件。咖啡颗粒与水接触最久的地方就是在滤杯里，这时水温的稳定才最为重要，而滤杯材质的选择就非陶瓷莫属了！

　　可能有人会提出疑问：铜的材质不是更能保温吗？是的，铜的材质的确保温性非常好，但是金属材质在冲煮咖啡时会产生一个致命缺点——影响流速。一般金属材质都具有较明显的气孔，这个气孔在接触到热水时会产生吸附的功能，也就意味着水位下降的速度会因此变慢，这会间接让颗粒静置水里过久而产生苦涩味或杂味。因此，陶瓷的高密度特性才完全符合丑小鸭滤杯的需求。

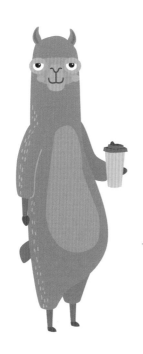

　　在确定要使用陶瓷材质来制作滤杯后，我们就一直在寻找合适的陶瓷制造厂商。本地陶瓷制造厂商生产出来的陶瓷质量是不在话下，但是针对滤杯设计就有一点生疏。几次试做后，结果都不太理想，尤其是对圆锥开口合并台形杯身的特殊结构设计更是有相对的难度！

　　在一次日本之旅中，我拜访的朋友的家乡在佐贺的有田町。朋友知道我在寻找滤杯的制造厂商，建议我可以去有田町走走，看是否有厂商可以配合。目前市面上多数日本的滤杯都来自有田町，所以当地厂商对丑小鸭滤杯的特殊结构，应该有相关的经验。虽然知道合作概率并不高，但是人都在日本了，就去试试吧！

专业职人的再挑战

到了有田町，映入眼帘的是日本乡下田野风光，一眼望去，一片绿油油的，而且到处都能看到陶制品晾晒的景象。当时真是热血沸腾，好想冲进第一个经过的制陶厂，90度弯腰拜托职人帮着做滤杯！不过友人还是建议先逛逛，看是否有类似产品，这样一来也比较好沟通。

就在逛着逛着的时候，我们已经慢慢离开有田町区域而到了所谓肥前区域。

这边有一个当地著名的吉田烧展示馆，本来只是想看看，但是在阅读其历史时，突然有三个字瞬间抓住我

的目光——"泼水性"。

当日值勤的工作人员告诉我，"泼水性"是吉田烧陶瓷的特色，除了煅烧技术特别，其使用陶土的配方也很独特，可以增加陶瓷本身的密度。这个特色让吉田烧的瓷器，尤其是餐盘，特别白亮，不易沾上脏污，清洗保存也相当方便。这个特色让我马上想到滤杯的水位下降速度有一部分的关键就是材质，所以如果可以跟吉田烧合作，对于丑小鸭滤杯而言无疑是一大优势。

当天的工作人员特别热心地介绍一家拥有四百年历史的 Tsuji san 制陶厂，因为这家厂也有跟欧美合作，说不定对我们的东西会有兴趣。于是我给制陶厂的代表打了一个电话，制陶厂的代表说可以聊聊，于是我就一路走向制陶厂。

跟制陶厂的代表聊天时，得知他也很爱喝咖啡。对于我们对滤杯细节的讲究，他也是啧啧称奇，说从没想过滤杯也有这么多细节要注意。说着说着，他表示如果可以的话，他想要做做看。就这样，丑小鸭滤杯的制作地，意外地落在日本。

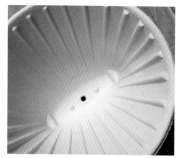

图 5-17

图 5-18

图 5-19

图 5-20

在回去不到一个星期的时间，我就收到了Tsuji san 制陶厂的第一个模型——丑小鸭滤杯的石膏模（图 5-17、图 5-18），他们效率真高。

Tsuji san 制陶厂跟我说，这个石膏模是可以冲煮的，只要不泡在水里，应该就不会损坏。所以我马上拆开包裹，迫不及待地试煮了几次（图 5-19、图 5-20）。这几次的结果已经有前述功能的雏形，在实际开模之后功能也会更加完整。

量产前，Tsuji san 制陶厂邀请我参与量产前的试产，希望我亲眼确认，也希望我可以在第一时间拿到丑小鸭滤杯。于是我再次飞到日本佐贺。

当我来到生产滤杯的工厂，看着滤杯一个又一个地被工人小心翼翼地从模具移出，当下的心情真的是百感交集。正当感动时，耳边突然传来一堆日文，通过友人翻译，原来是模具师傅在抱怨这个滤杯怎么这么"多工夫"，一个小小滤杯居然要用到 4 件模具，差一点就要 6 件模具了，最好是功能也能这么强（图 5-21、图 5-22）。

我会心一笑，说等滤杯烧制好，一定亲自来冲煮一杯咖啡给模具师傅喝。

就这样，丑小鸭滤杯诞生了！

图 5-21

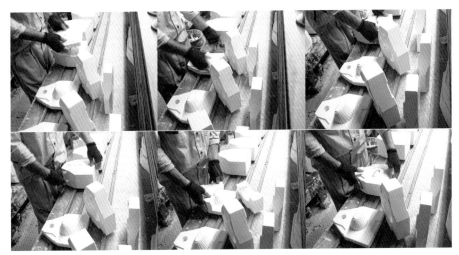

图 5-22

丑小鸭滤杯的应用：

双层萃取的手作浓缩

丑小鸭滤杯的强大萃取能力，在搭配双层萃取的架构下，可以做出接近意式咖啡机萃取的浓缩咖啡。

意式咖啡机是在接近密闭的滤器里，借由压力强迫让热水进入颗粒。同一时间机器提供的稳定水量，会将咖啡物质持续从颗粒中以绵密的泡沫状带出。所以意式咖啡机所制作的咖啡是在含水量最少的状况下，将咖啡萃出。也就是说只要手冲咖啡有强大的萃取能力，同样能制成含水量最少的萃取液，从而制作出浓缩咖啡。

而丑小鸭滤杯双层萃取的概念，就是以降低咖啡萃取液的含水量为主要目的。分析如下：

1 第一层的萃取液含有大量的水分。

2 通过第二层的颗粒可以将可溶性物质加速融合，同一时间可以将多余的水分排出。

3 第二层所释出的咖啡萃取液就是含水量最少的咖啡浓缩液。以第一层的粉量为主，萃取比例为1：10，第二层固定为10克。

丑小鸭滤杯的双层萃取，能为手冲咖啡创造更多的变化：

· 浓缩咖啡液可以加牛奶制成咖啡欧雷，咖啡与牛奶比例为1：3。

· 浓缩咖啡液可以加热水制成美式黑咖啡，咖啡与热水比例为1：1。

· 浓缩咖啡液可以加冰水制成美式冰咖啡，咖啡与冰水比例为1：1，再加适量冰块。

丑小鸭滤杯的应用：

调整水位下降速度的配件

丑小鸭滤杯有改良的气压式萃取功能，除了可以确保水量全部经过咖啡颗粒，做到完整萃取，同时也可以通过配件调整水位下降速度。

Plus是丑小鸭滤杯的专用配件，一共有四种版本（图5-23）。差异就在于开孔数的不同，其中最特别的就是无孔的Plus。

使用方式相当简单，只要将Plus置入滤杯底部，接下来就跟一般滤杯的使用方式一样。

Plus的功能是将原本气压式萃取的空间隔开，而无孔Plus本身无法完全密合滤杯底部，所以萃取液会由Plus两侧流出。这时没有任何阻碍，所以下降速度越来越快，此时就会夹带大量的浓度而让香气更为明显奔放。随着Plus孔数越来越多，下降速度会受到孔数影响而变慢。所以Plus的功能是调整咖啡香气的浓郁程度，一孔香气最强，三孔则是偏向较佳的口感。

而无孔的Plus是将水位下降速度调整到最快，利用最少的水量将咖啡颗粒快速释出。可以应用在冰咖啡上，尤其是单品咖啡，这样冰咖啡也能保留接近热咖啡的香气。

图5-23